EXPOSITION UNIVERSELLE DE VIENNE

(1873)

HERMANN-LACHAPELLE

CONSTRUCTEUR-MÉCANICIEN

144, rue du Faubourg-Poissonnière, 144

PARIS

EXPOSITION UNIVERSELLE DE VIENNE

(1873)

HERMANN-LACHAPELLE

CONSTRUCTEUR-MÉCANICIEN

144, rue du Faubourg-Poissonnière, 144

PARIS

PARIS

IMPRIMERIE CHARLES SCHILLER, 10, FAUBOURG-MONTMARTRE

—

1873

HERMANN-LACHAPELLE

CONSTRUCTEUR-MÉCANICIEN

144, rue du Faubourg-Poissonnière, 144

PARIS

NOTICE EXPLICATIVE

POUR

Messieurs les Membres du Jury international

RÉCOMPENSES OBTENUES PAR LA MAISON HERMANN-LACHAPELLE

EXPOSITION UNIVERSELLE DE LONDRES, EN 1862	UNIQUE MÉDAILLE
— DE BAYONNE, EN 1864	MÉDAILLE DE VERMEIL
— ET CONCOURS RÉGIONAUX DE SAINT-DIZIER, EN 1860 — BESANÇON, EN 1861 — NANTES, EN 1861 — ROANNES, EN 1864 — MÉLUN, VERSAILLES, STRASBOURG, EN 1865 — LAON, ALBY, EN 1866	MÉDAILLE D'OR
— UNIVERSELLE DE PARIS, EN 1867 — HAVRE, EN 1868 — VIENNE, EN 1869 — ALTONA, EN 1869 — SANTIAGO, EN 1869 — DE LYON, EN 1872 — DE MOSCOU, EN 1872	MÉDAILLES DE BRONZE ET D'ARGENT, DIPLOME D'HONNEUR MÉDAILLE D'OR

ENSEMBLE DE LA FABRICATION

DE LA MAISON

HERMANN-LACHAPELLE

MACHINES A VAPEUR.	VERTICALES, *portatives*, sur SOCLE BATI-ISOLA-TEUR. HORIZONTALES, *locomobiles*, avec SOCLE BATI posé sur la chaudière, fixé par un système d'attaches sans joints ni boulons, au moyen de cercles en fer serrés par des vis de rappel. MACHINES VERTICALES FIXES. MACHINES HORIZONTALES FIXES.
APPAREILS ET ACCESSOIRES.	Pour la FABRICATION DES BOISSONS GAZEUZES de toutes sortes, VINS MOUSSEUX et EAUX MÉDICINALES.
INSTALLATIONS SPÉCIALES DE LA VAPEUR AU MOULIN.	Applicables aux différentes opérations de la meunerie.
MOULIN COMPLET SUR COLONNE-BEFFROI EN FONTE.	Ce système est très recherché dans les pays où les hommes spéciaux font défaut aux constructeurs de moulins.
JEUX HYDRAULIQUES, COMPOSÉS DE **POMPES A PISTONS PLONGEURS.**	Ces pompes sont, de tous les systèmes connus, celles qui ont le rendement le plus considésable. Elles alimentent la Ville de Paris, et sont acceptées par tous les ingénieurs qui font des installations sérieuses. — L'Ecole des ponts-et-chaussées de Paris, sur la demande de ses professeurs, a fait l'acquisition d'un jeu complet (pompe et machine à vapeur verticale). Le bon agencement mécanique et l'excellente exécution de ces pompes en ont fait le type le plus parfait, et elles ont été désignées par les professeurs de l'Ecole des ponts-et-chaussées de Paris pour servir d'études et de démonstrations pratiques à l'enseignement de leurs élèves.
ATELIERS SPÉCIAUX DE **CHAUDRONNERIE.**	Ces ateliers occupent des ouvriers qui, dans cette branche si importante des appareils à vapeur, ne travaillent que pour la Maison Hermann-Lachapelle, et pour lesquels tous les détails de cette fabrication spéciale sont devenus un travail courant. — Il n'est pas de constructeur de machines à vapeur qui n'ait compris l'intérêt qu'il y a à choisir soi-même ses tôles et le lieu de leur provenance, afin d'obtenir des garanties que les chaudronniers ne sauraient donner à la plupart des constructeurs.

HERMANN-LACHAPELLE

CONSTRUCTEUR-MÉCANICIEN

NOTICE EXPLICATIVE

A MESSIEURS LES MEMBRES DU JURY

MESSIEURS,

La fondation de la maison de construction mécanique Hermann-Lachapelle remonte au mois de juillet 1858. A cette époque, elle s'occupait, dans des conditions relativement modestes, de la *construction d'appareils pour la fabrication des boissons gazeuses*, fabrication dont l'un de ses fondateurs, M. Hermann-Lachapelle, faisait déjà depuis dix ans sa spécialité commerciale. Cet industriel ayant promptement reconnu la nécessité de fournir à ces appareils un moteur en rapport avec leur

ENSEMBLE DE LA FABRICATION

DE LA MAISON

HERMANN-LACHAPELLE

MACHINES A VAPEUR.	Verticales, *portatives*, sur socle bati-isolateur. Horizontales, *locomobiles*, avec socle bati posé sur la chaudière, fixé par un système d'attaches sans joints ni boulons, au moyen de cercles en fer serrés par des vis de rappel. Machines verticales fixes. Machines horizontales fixes.
APPAREILS ET ACCESSOIRES.	Pour la fabrication des boissons gazeuzes de toutes sortes, vins mousseux et eaux médicinales.
INSTALLATIONS SPÉCIALES DE LA VAPEUR AU MOULIN.	Applicables aux différentes opérations de la meunerie.
MOULIN COMPLET SUR COLONNE-BEFFROI EN FONTE.	Ce système est très recherché dans les pays où les hommes spéciaux font défaut aux constructeurs de moulins.
JEUX HYDRAULIQUES, composés de **POMPES A PISTONS PLONGEURS.**	Ces pompes sont, de tous les systèmes connus, celles qui ont le rendement le plus considérable. Elles alimentent la Ville de Paris, et sont acceptées par tous les ingénieurs qui font des installations sérieuses. —L'Ecole des ponts-et-chaussées de Paris, sur la demande de ses professeurs, a fait l'acquisition d'un jeu complet (pompe et machine à vapeur verticale). Le bon agencement mécanique et l'excellente exécution de ces pompes en ont fait le type le plus parfait, et elles ont été désignées par les professeurs de l'Ecole des ponts-et-chaussées de Paris pour servir d'études et de démonstrations pratiques à l'enseignement de leurs élèves.
ATELIERS SPÉCIAUX DE **CHAUDRONNERIE.**	Ces ateliers occupent des ouvriers qui, dans cette branche si importante des appareils à vapeur, ne travaillent que pour la Maison Hermann-Lachapelle, et pour lesquels tous les détails de cette fabrication spéciale sont devenus un travail courant. — Il n'est pas de constructeur de machines à vapeur qui n'ait compris l'intérêt qu'il y a à choisir soi-même ses tôles et le lieu de leur provenance, afin d'obtenir des garanties que les chaudronniers ne sauraient donner à la plupart des constructeurs.

EXPOSITION INTERNATIONALE UNIVERSELLE DE VIENNE

(1873)

HERMANN-LACHAPELLE

CONSTRUCTEUR-MÉCANICIEN

NOTICE EXPLICATIVE

A MESSIEURS LES MEMBRES DU JURY

MESSIEURS,

La fondation de la maison de construction mécanique Hermann-Lachapelle remonte au mois de juillet 1858. A cette époque, elle s'occupait, dans des conditions relativement modestes, de la *construction d'appareils pour la fabrication des boissons gazeuses*, fabrication dont l'un de ses fondateurs, M. Hermann-Lachapelle, faisait déjà depuis dix ans sa spécialité commerciale. Cet industriel ayant promptement reconnu la nécessité de fournir à ces appareils un moteur en rapport avec leur succès rapide, inventa, il y a quinze ans déjà, le système des *machines à vapeur verticales montées sur socle bâti isolateur*. La perfection des appareils pour la fabrication des boissons gazeuses jointe aux avantages, pour la grande majorité des petites industries, de l'emploi des machines verticales de petite force de un à vingt chevaux, donna, dès le premier moment, un tel essor aux ateliers de construction de M. Hermann-Lachapelle, qu'il dut, sans retard, s'imposer les plus lourds sacrifices afin de répondre aux besoins de la production provoqués, pour ainsi dire instantanément, par son initiative, et auxquels il était tenu de fournir les moyens pratiques d'obtenir la plus complète satisfaction industrielle et commerciale.

L'usine du faubourg Poissonnière fut agrandie par l'annexion de terrains voisins, sur lesquels on se hâta d'élever les constructions nécessaires. Mais voici qu'en 1873, cette importante installation est, de nouveau, devenue insuffisante ; et, en ce moment même, M. Hermann-Lachapelle fait achever les travaux entrepris au commencement de l'année, sur un vaste emplacement contigu à sa maison principale. Il s'en est rendu acquéreur pour le faire servir à l'exposition permanente, en plein Paris pour ainsi dire, de tous les modèles de machines, d'appareils et d'outillage qui, sortant de ses ateliers, vont, par leur utilité industrielle, agricole et commerciale, répandre, dans toutes les parties du monde, le progrès matériel résultant de la régularité, de la précision et de la rapidité du travail, et créer le bien-être certain par l'économie du temps, la réduction des frais généraux, l'abaissement de la main-d'œuvre et la certitude du rendement (1).

Les machines à vapeur verticales et *les appareils pour fabrication des boissons gazeuses*, que construit M. Hermann-Lachapelle, ont été demandées et expédiées dans toutes les contrées de l'Ancien et du Nouveau-Monde : en Russie, en Turquie, en Egypte, dans le Levant, en Cochinchine, dans l'Amérique du Nord et dans l'Amérique du Sud. Leur vulgarisation est aujourd'hui, en quelque sorte, universelle. Depuis quinze ans, le succès de la maison s'est maintenu dans une voie de progression constante. A chaque concours, à chaque exposition, auxquels M. Hermann-Lachapelle s'est fait un devoir de prendre part et où il a fait fonctionner ses produits mécaniques, — voulant, malgré l'accroissement constant de ses occupa-

---

(1) Cette partie des ateliers Hermann-Lachapelle, situés Faubourg-Poissonnière, à quinze minutes du boulevard des Italiens, occupe une superficie de quatre mille mètres.

tions, faire juger, *de visu* et d'une façon pratique, la supériorité de ses machines et de ses appareils, par les hommes compétents et la grande masse du public de tous les pays. — Cette supériorité a été constatée par les plus explicites déclarations et confirmée par les plus hautes récompenses accordées aux différentes branches de son industrie.

Le chiffre annuel des affaires dépasse, en moyenne, deux millions de francs. — Le nombre des personnes employées dans des spécialités diverses : ingénieurs, dessinateurs, ouvriers et commis, s'élève à plus de trois cents. — Les ateliers du faubourg Poissonnière sont desservis par des machines de la force de dix-huit à vingt chevaux. — Les paies de chaque quinzaine varient entre seize et vingt mille francs.

Dans la maison Hermann-Lachapelle, l'ouvrier laborieux et exact ne chôme jamais. Le travail, en raison des commandes, est toujours actif et certain. C'est, à proprement parler, une grande famille de travailleurs réguliers, dirigée par un chef qui donne l'exemple et s'applaudit de le voir suivre. La prospérité soutenue de l'établissement s'appuie sur cette base principale.

NOMENCLATURE DES OBJETS EXPOSÉS A VIENNE

UN APPAREIL SATURATEUR *pour toutes boissons gazeuses*, n° 1 (coupé pour vues intérieures).

UN APPAREIL SATURATEUR *pour Eaux de seltz et limonades*, n° 2 (pour petites fabriques).

UN APPAREIL SATURATEUR *pour Eaux de Seltz et limonades*, n° 8, *à deux sphères et deux pompes* (pour grandes fabriques).

UN PRODUCTEUR et **LAVEURS** *pour gaz acide carbonique*, n° 2.

UN GAZOMÈTRE COMPLET, n° 2.

UN TIRAGE A BOUTEILLES pour limonades.

UN TIRAGE A SIPHONS pour Eaux de Seltz avec armatures pour grand et petit levier.

UNE POMPE A SIROPS *pour doser* les bouteilles et siphons.

UN APPAREIL SATURATEUR ARGENTÉ pour *fabrication des Vins mousseux*, n° 10, deux sphères argentées à l'intérieur.

UN TIRAGE A CRÉMAILLÈRE double courant pour bouchage provisoire des vins mousseux.

UN TIRAGE A COUSSINETS MOBILES double courant, pour bouchage d'expédition des vins mousseux.

UNE COLONNE A FICELER.

UNE PRESSE et **OUTILS** pour démontage et réparations des siphons.

UN FILTRE.

UN MÉLANGEUR pour Eaux minérales.

SPÉCIMEN DE SIPHONS.

COMPTOIR DE DÉBIT avec *fontaine siphon*, *fontaine réfrigérante* et *récipient. portatif.*

UNE MACHINE VERTICALE d'un cheval, *chaudière à bouilleurs croisés, détente fixe.*

UNE MACHINE VERTICALE de deux chevaux, *chaudière à bouilleurs croisés, changement de marche par coulisse Stephenson.*

UNE MACHINE VERTICALE de trois chevaux, *chaudière à bouilleurs croisés, détente variable à la main.*

UNE MACHINE VERTICALE de quatre chevaux, *chaudière à tubes pendentifs, détente variable à la main.*

UNE MACHINE VERTICALE de six chevaux, *chaudière à bouilleurs croisés,* détente *variable actionnée par le régulateur.*

UNE MACHINE VERTICALE *fixe sur colonne*, deux chevaux, *détente fixe.*

UNE MACHINE HORIZONTALE *locomobile sur roues*, de quatre chevaux, *chaudière tubulaire, détente variable à la main.*

UNE MACHINE HORIZONTALE *fixe*, de deux chevaux.

UNE POMPE A PISTONS PLONGEURS 300-350, pour 65,000 litres à l'heure.

UN MOULIN de 0,900 de meules, *sur colonne beffroi en fonte*, mécanisme complet.

ENSEMBLE DE LA FABRICATION

Il peut sembler jusqu'à un certain point inutile d'énumérer l'ensemble de la fabrication de la maison Hermann-Lachapelle. Mais, dans une note explicative qui se propose d'être aussi claire, aussi franche et aussi précise que possible, il convient de donner au Jury compétent les renseignements les plus complets, non point dans le but de préjuger son verdict, mais pour le mettre à même de le motiver sur des faits et sur des vérités démontrées.

Donc, notre fabrication générale et spéciale embrasse :

1° LES APPAREILS COMPLETS POUR LA FABRICATION DES BOISSONS GAZEUSES DE TOUTES SORTES.

Ces appareils sont *à fabrication continue* et *à compression mécanique.*

TOUS LES ACCESSOIRES simplifiés, perfectionnés, indispensables à la gazéïfication des eaux, vins, bières et liqueurs ; et les SIPHONS pour le débit de l'eau de seltz accompagnent ces appareils.

L'exploitation de cette branche forme dans la Maison une spécialité importante et entièrement distincte des autres. Elle donne lieu à un mouvement d'affaires considérable et qui se chiffre par la livraison annuelle d'environ 125 à 150 appareils complets, et de 125,000 à 150,000 siphons, représentant une somme d'affaires annuelles de sept à huit cents mille francs.

Nous ne voulons point, dans une notice spéciale à la Maison Hermann-Lachapelle, faire le procès aux différents systèmes de fabrication mis en pratique par la concurrence, pas plus qu'il ne nous convient d'en analyser et d'en faire ressortir les imperfections et les inconvénients reconnus. Les défauts radicaux des différents systèmes sur lesquels cette maison a remporté l'avantage, ont été si souvent et si officiellement condamnés que nous aurions certainement mauvaise grâce à nous y appesantir pour les besoins d'une cause gagnée qui peut dédaigner ce procédé de critique personnelle.

Nous nous bornons à rappeler qu'en 1862, il y a déjà douze ans, les appareils Hermann-Lachapelle furent déclarés supérieurs à tous autres, parce qu'ils résumaient en eux seuls les progrès isolément accomplis, et que le Jury, en les comparant aux systèmes de toute provenance, n'hésita pas à déclarer dans son rapport :

« Qu'ils sont exempts de tous les défauts qu'on reprochait aux anciens appareils, et qu'on leur doit l'immense essor que prend l'industrie des boissons gazeuses. »

Une appréciation aussi nettement formulée peut se passer de commentaires.

Au surplus, en décrivant plus loin les appareils de notre Maison, les avantages positifs qui résultent de leur emploi ressortiront suffisamment de cette description même.

L'ensemble de notre fabrication comprend encore :

2° LA CONSTRUCTION DES MACHINES A VAPEUR VERTICALES MONTÉES SUR SOCLE BATI-ISOLATEUR, *portatives*, *locomobiles* ou *fixes;* depuis la force de *un* jusqu'à *vingt* chevaux-vapeur.

En 1872, nous avons livré *trois cent soixante-cinq* de ces machines de toute force. Leur série se compose de dix numéros.

3° LA CONSTRUCTION DES MACHINES A VAPEUR HORIZONTALES, *locomobiles avec ou sans roues,* depuis la force de *un* jusqu'à *vingt* chevaux-vapeur. Leur série compte sept numéros.

4° LES JEUX HYDRAULIQUES, composés de *pompes à pistons plongeurs.*

5° Enfin, les INSTALLATIONS complètes d'ATELIERS DE FABRICATION DE BOISSONS GAZEUSES de toutes sortes, de MOTEURS A VAPEUR applicables au moulin et à toute exploitation industrielle, commerciale et agricole ; de MOULINS, JEUX HYDRAULIQUES, transmissions, etc.

Nous allons aussi succinctement que possible soumettre à l'attention de MM. les membres du Jury quelques renseignements détaillés relatifs à chacune de ces constructions spéciales, et dont les spécimens figurent à l'Exposition internationale de Vienne.

Appareil complet pour la fabrication des boissons gazeuses.

III

APPAREILS

POUR LA FABRICATION DES BOISSONS GAZEUSES

Eaux de seltz, Limonades, Vins mousseux, Bières, Liqueurs et Eaux médicinales, figurant à l'Exposition universelle de 1873

M. Hermann-Lachapelle expose dans le Palais de l'Exposition internationale de Vienne :

UN APPAREIL SATURATEUR *pour toutes Boissons gazeuses*, n° 1 (coupé pour vues intérieures).

UN APPAREIL SATURATEUR *pour Eaux de seltz et limonades*, n° 2 (pour petites fabriques).

UN APPAREIL SATURATEUR *pour Eaux de seltz et limonades*, n° 8, à deux sphères et à deux pompes (pour grandes fabriques).

UN PRODUCTEUR et **LAVEUR** *pour Gaz acide carbonique*, n° 2.

UN GAZOMÈTRE COMPLET, n° 2.

UN TIRAGE A BOUTEILLES *pour Limonades*.

UN TIRAGE A SIPHONS *pour Eaux de seltz*, avec armatures pour grand et petit lévier.

UNE POMPE A SIROPS POUR DOSER les bouteilles et les siphons.

UN APPAREIL SATURATEUR ARGENTÉ *pour fabrication de Vins mousseux*, n° 10, à deux sphères argentées à l'intérieur.

UN TIRAGE A CRÉMAILLÈRE, double courant, *pour bouchage d'expédition des Vins mousseux*.

UNE COLONNE A FICELER.

UNE PRESSE et **OUTILS** *pour démontage et réparation des siphons*.

UN FILTRE.

UN MÉLANGEUR *pour Eaux minérales*.

SPÉCIMEN DE SIPHONS.

COMPTOIR DE DÉBIT avec *fontaine siphons, fontaine réfrigérante et récipient portatif*.

Les besoins et les exigences d'une exploitation industrielle sainement raisonnée peuvent se résumer ainsi :

Rapidité et bon marché dans la production; — Bonne qualité, égalité et abondance du produit; — Facilité et sécurité dans la manœuvre.

Telles sont les conditions que M. Hermann-Lachapelle a entendu remplir dans la construction de ses *appareils* et de leurs accessoires pour *la fabrication des boissons gazeuses*; et l'expérience, confirmée par les résultats, a démontré qu'il y avait réussi.

Les appareils Hermann-Lachapelle sont à *compression mécanique et à fabrication continue.* Ils forment une série qui comprend huit numéros classés d'après leur puissance et pouvant produire : le premier, depuis 20 jusqu'à 1,200 bouteilles; le huitième, jusqu'à 10,000 bouteilles de boissons gazeuses de toutes sortes par jour. Leur prix s'échelonne de 1,600 francs à 4,500 francs. — Le n° 2, le plus généralement demandé en raison de sa grande production relative à la modicité de son prix, et donnant 1,600 bouteilles par jour, est vendu 1,900 francs. — Les n°s 5 et 6 sont pourvus de deux corps de pompe.— Les n°s 7 et 8 sont composés de deux saturateurs sphériques et de deux corps de pompe réunis sur un même bâti.

Le *système continu à compression mécanique* est le plus simple, le seul qui se manœuvre sans danger, le plus économique, le plus productif et le plus expéditif. Ce système est le seul possible pour fabriquer industriellement des boissons gazeuses. M. Hermann-Lachapelle, s'appuyant sur son expérience de fabricant et de mécanicien, a dirigé tous ses efforts vers la modification des anciens organes d'une imperfection constatée; il en a créé de nouveaux, il a mis tous ses soins à perfectionner l'ensemble et les détails; à établir un outillage complet, le mieux approprié à toutes les branches, à toutes les opérations de l'industrie qui a pour but d'appliquer l'acide carbonique à la préparation des boissons gazeuses: et, pour répondre à la question du bon marché réel et du bon marché illusoire, il suffit de la trancher pertinemment par cette déclaration que les faits confirment :

Aucun des appareils concurrents ne peut fournir de boissons gazeuses d'une qualité aussi irréprochable et d'un prix de revient aussi bas que celui qu'on obtient par l'emploi de ceux construits par M. Hermann-Lachapelle. — A production égale, le prix de ces appareils est au-dessous de celui de tous les systèmes français ou étrangers auxquels ils sont si supérieurs.

La simplicité, la solidité, la salubrité et la beauté de l'ensemble de l'agencement mécanique de la Maison Hermann-Lachapelle devra frapper évidemment les yeux du Jury, et nous n'hésitons pas à croire que cet examen comparatif avec les produits similaires français ou étrangers, sera tout à fait favorable à ce constructeur. Qu'il nous soit permis également d'espérer que MM. les Jurés voudront bien se rendre compte du bon marché des appareils de cette Maison en comparant leur prix, à production égale, avec ceux de la concurrence. Ce bon marché n'est cependant pas obtenu au détriment de l'excellence de la construction ; et nous venons d'énumérer plus haut les qualités particulières de l'agencement qui en rendent la manœuvre et l'entretien facile pour le premier venu, la production excellente sous le rapport hygiénique, irréprochable au point de vue de la salubrité, et assurent aux appareils une très longue durée malgré l'incurie et la mauvaise volonté dont se rendent trop souvent coupables les employés chargés de la conduite, de l'entretien et du nettoyage.

Tous les appareils Hermann-Lachapelle, quelle que soit leur puissance, se composent de cinq organes principaux :

1° Un producteur d'acide carbonique ;

2° Un épurateur de gaz à trois compartiments laveurs ;

3° Un gazomètre à double suspension et laveur formant un quatrième épurateur ;

4° Un saturateur sphérique desservi par une pompe ;

5° Des tirages nécessaires pour la mise en bouteille et en siphons.

L'un des principaux avantages de ces différentes pièces, dans la construction desquelles tous les mélanges plombifères sont expressément rejetés, consiste dans la facilité de l'installation. En effet, les appareils arrivent tout montés ; on n'a qu'à réunir cinq à six raccords numérotés et à visser sur leur base quelques pièces accessoires, enlevées pour le transport, et ils se groupent dans un espace de trois mètres carrés en laissant toutes ses aises à la manœuvre.

Nous jugeons utile de mettre sous les yeux de MM. les membres du Jury quelques indications sommaires concernant les différentes pièces qui constituent l'ensemble des appareils, et nous nous bornons à renvoyer, pour les détails, à la *Brochure spéciale* jointe à ce Mémoire, laquelle contient les renseignements indispensables aux fabricants de boissons gazeuses, et aux acquéreurs d'appareils continus à compression mécanique pour la fabrication de toutes espèces de boissons gazeuses.

Ainsi :

Le PRODUCTEUR se compose de deux organes principaux : du *cylindre décompositeur* et de la *boîte* ou *réservoir à acide*. Le décompositeur est pourvu de deux ouvertures dont la largeur est calculée de façon à permettre facilement de garnir et vider le cylindre ; un demi-seau d'eau jeté dans le décompositeur, quand on opère la vidange, constitue tout le nettoyage.

La boîte à acide est placée immédiatement au-dessus du décompositeur avec lequel elle fait un seul et même tout. La distribution de l'acide s'opère par une tige-soupape armée, à son extrémité, d'une coquille en *platine* qui la rend *inusable* et en permet la manœuvre sans danger.

LE PRODUCTEUR et L'ÉPURATEUR à *trois* compartiments et à *trois* eaux différentes, sont réunis sur un même bâti en fonte ; leur installation est plus facile, l'espace qu'ils occupent moins grand, et on peut les placer dans un laboratoire comme l'instrument le plus ordinaire. Ces appareils fonctionnent seuls et peuvent fournir du gaz acide carbonique *lavé et épuré*, pour toute espèce de fabrication industrielle.

(Voir page 35 de la Brochure.)

Dans la construction du *Gazomètre*, le bois a été exclu comme dans celle des laveurs ; — nous employons la tôle galvanisée. —Avec le bois en effet, le gazomètre prend des dimensions trop considérables, et s'imprègne de composés nauséabonds. La double suspension a pour résultat de sensibiliser l'appareil, de maintenir la cloche toujours en équilibre, et d'empêcher qu'en s'arrêtant, elle entrave la marche régulière de la pompe.

Le SATURATEUR SPHÉRIQUE, avec son corps de pompes, est la pièce capitale de l'appareil. Les Jurys des Expositions et la Société d'Encouragement l'ont comparé à une véritable œuvre d'horlogerie pour la précision du mécanisme, l'élégance de l'ensemble et le fini des détails.

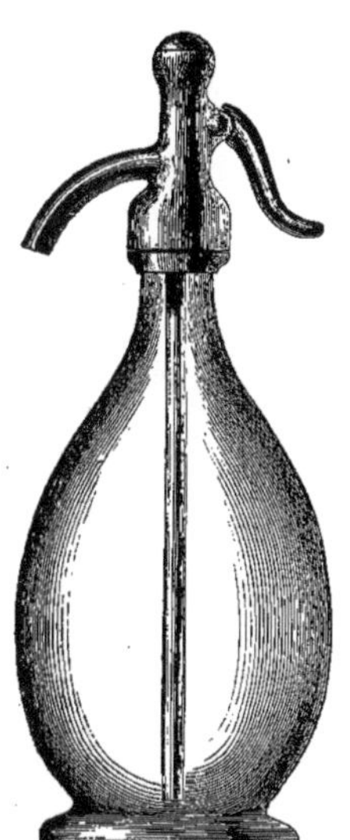 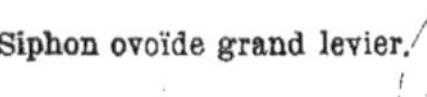

Siphon ovoïde grand levier.

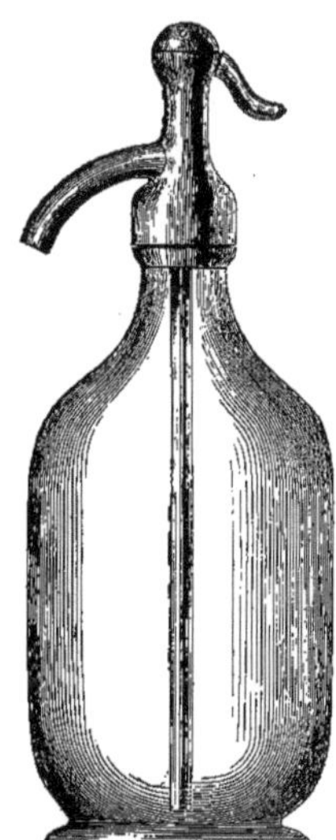

Siphon cylindrique petit levier.

Rien n'a été négligé pour rendre le plus parfait possible cet appareil saturateur. L'agitateur à larges et puissantes ailes se meut dans le récipient et opère rapidement la dissolution du gaz et la saturation de l'eau. Tout le frottement est supporté par un cuir embouti formant stuffing box et par une rondelle de cuir à semelle, mis l'un et l'autre complètement à l'abri du contact de l'eau. Il est d'autant plus important de signaler ce perfectionnement, que les autres fabricants n'emploient encore que la boîte à étoupe garnie de chanvre.

Les dispositions si industriellement logiques adoptées par M. Hermann-Lachapelle, rendent impossible la formation de limailles métalliques et permettent à l'arbre de couche et à l'agitateur de fonctionner aussi librement et avec autant de liberté dans la douille et dans la sphère que s'ils agissaient dans l'espace. Le jeu des pompes est des plus réguliers, la capacité des récipients est proportionnée à la puissance des pompes, de manière à produire rapidement de l'eau complétement saturée. La forme sphérique, l'épaisseur des parois, l'homogénéïté de la matière mettent à l'abri de tout danger d'explosion ; d'ailleurs, avant d'être livrés, tous les appareils sont essayés à de très hautes pressions.

(Voir pour les détails intérieurs l'appareil en coupe
que nous exposons.)

Nous pourrions sans immodestie appeler l'attention du Jury sur nos appareils d'embouteillage, de tirage des siphons, sur la pompe à sirop qui fait les dosages d'une manière mathématique. Cette pompe, invention exclusive de la maison Hermann Lachapelle, assure aux différentes manipulations l'exactitude du dosage, la propreté qu'elles exigent, la conservation des sirops avec tout leur arôme.

(Voir en entier le Chapitre VIII du Guide pratique du fabricant
de boissons gazeuses, pages 161 à 226.)

Il convient de s'étendre sur les APPAREILS A DEUX SPHÈRES, *entièrement doublées d'argent à l'intérieur*, spécialement destinés à la *fabrication des vins mousseux* et à la gazéification artificielle des vins de tous les crus. — On sait que les manipulations exigées par les vins de Champagne pour devenir mousseux, sont toujours dispendieuses, occasionnent de grandes pertes et triplent le prix de revient de ces vins. Pendant longtemps tous les moyens essayés pour rendre plus rapide, plus sûre et plus facile cette fabrication naturelle, n'ont donné que des résultats imparfaits. Le problème étant mal posé, devenait d'une solution réputée impossible.

M. Hermann-Lachapelle s'est attaché à inventer un ensemble d'appareils qui, laissant de côté tous les anciens errements, pût, dans les diverses opérations qu'exige cette fabrication, s'appliquer tout à la fois à la fabrication des vins de Champagne et à celle de tous les vins mousseux factices. Il fallait remédier aux inconvénients de la perte du gaz, résultant de l'emploi des anciens appareils saturateurs spéciaux à la fabrication de l'eau de seltz ; il fallait remédier surtout à la perte plus grave du liquide précieux et de son arôme ; il fallait, enfin, obvier au contact des vins avec des métaux qui, les chargeant de sels insalubres, en dénaturaient le goût. Ces considérations essentielles ont amené la condamnation du caoutchouc et de la gutta-percha ; le contact de l'un étant aussi funeste que celui du métal, l'odeur de l'autre se communiquant au vin rapidement par suite de son altération spontanée.

Toutes les parties de l'appareil *saturateur à double sphère*, inventé par M. Hermann-Lachapelle, en contact avec le liquide, sont entièrement et fortement doublées d'argent. Cet appareil fonctionne dans toutes les provinces de France, dans les caves de la Champagne, un peu partout à l'étranger, et les produits qu'ils donnent défient souvent le palais le plus exercé.

(Voir le Chapitre XIII du *Guide pratique*, pages 260 et suivantes.)

Nous indiquons, pour mémoire, que notre appareil pour bouchage d'expédition donne ce résultat si désirable dans ces sortes de vins, de surmonter la bouteille d'un champignon complétement semblable à celui des bouchons de Champagne, système auquel, d'ailleurs, nous avons apporté de notables perfectionnements.

Afin de compléter son œuvre, en ce qui concerne la fabrication et la gazéification des boissons de toutes sortes, M. Hermann-Lachapelle a dû se préoccuper de l'état présent et de l'avenir des brasseries en général, et notamment des brasseries françaises. Il a démontré, par une série d'expériences pratiques, que l'introduction de l'acide carbonique dans la bière avait pour résultat :

1° D'améliorer et de condenser les bières en tonneaux par la restitution de l'élément gazeux, constitutif et essentiel de leur goût et de leur qualité qu'elles pouvaient perdre ou qu'elles avaient perdu pour une cause quelconque ;

2° De fabriquer des bières mousseuses ;

3° De remplacer la pompe à air pour le débit des bières en choppes et en canettes ;

4° D'améliorer et de rendre mousseuses les bières au moment même de leur arrivée dans la choppe.

LE GUIDE PRATIQUE DU FABRICANT ET DU CONSOMMATEUR DE BOISSONS GAZEUSES : *Eaux de seltz, Limonades, Vins mousseux de tous les crus et Bières*, contient la description exacte de tous les appareils construits par M. Hermann-Lachapelle, une instruction technique et détaillée sur leur manœuvre et une étude sur toutes les matières employées, Il embrasse dans son ensemble les QUATRE branches que comprend l'industrie des boissons gazeuses. Cet ouvrage, qui compte déjà cinq éditions, renferme plus de cent planches complétant le texte et représentant les appareils et les installations.

MM. les membres du Jury trouveront, s'ils le jugent nécessaire, dans ce volume tous les renseignements professionnels dont il ne nous a point paru nécessaire de grossir la présente notice.

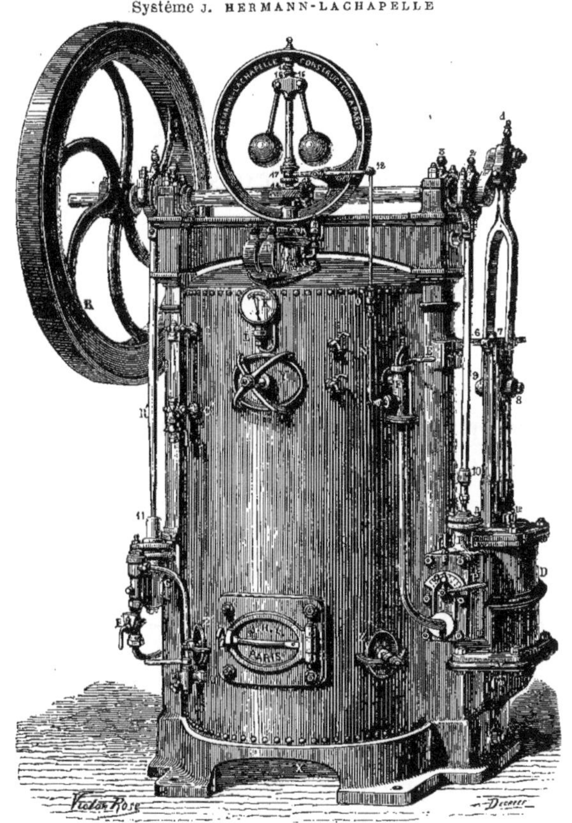

J. HERMANN-LACHAPELLE
CONSTRUCTEUR
144, Faubourg-Poissonnière, Paris

MACHINES A VAPEUR VERTICALES ET HORIZONTALES

MACHINES A VAPEUR VERTICALES PORTATIVES

A chaudière non tubulaire, avec bouilleurs et à foyer intérieur, montées sur socle-bâti-isolateur.

MACHINES A VAPEUR HORIZONTALES, FIXES ET LOCOMOBILES

M. Hermann-Lachapelle expose dans le Palais de l'Exposition internationale de Vienne :

UNE MACHINE VERTICALE de un cheval, *chaudière à bouilleurs croisés, détente fixe.*

UNE MACHINE VERTICALE de deux chevaux, *chaudière à bouilleurs croisés, changement de marche par coulisse Stephenson.*

UNE MACHINE VERTICALE de trois chevaux, *chaudière à bouilleurs croisés, détente variable à la main.*

UNE MACHINE VERTICALE de quatre chevaux, *chaudière à tubes pendentifs, détente variable à la main.*

UNE MACHINE VERTICALE de six chevaux, *chaudière à bouilleurs croisés, détente variable* actionnée par le régulateur.

UNE MACHINE VERTICALE de deux chevaux, *fixe sur colonne, détente fixe.*

Le système des *machines à vapeur verticales montées sur socle-bâti isolateur* est une invention qui appartient en propre à la maison Hermann-Lachapelle. Toutes les pièces du mécanisme sont montées sur ce socle bâti isolateur qui encadre la chaudière; cette invention a permis de réaliser dans la machine tous les perfectionnements qui lui ont valu le succès si grand qu'elle a obtenu dans son application à toutes les industries.

Le programme à remplir par le constructeur pour que la machine à vapeur pût être définitivement adoptée par l'industrie, était celui-ci : Modération du prix de vente , exiguité de l'emplacement occupé , absence de frais d'installation, régularité et sécurité dans la marche, économie de combustible, facilité de conduite et d'entretien, et absence de réparations.

M. Hermann-Lachapelle s'est tout d'abord inspiré des tentatives de M. Giffard. Mais l'ébauche était imparfaite, le système primitif présentait des inconvénients qu'il importait de faire disparaître ; l'adhérence des organes du mouvement aux parois de la chaudière qui leur sert de support et de point d'appui, n'avait pas été supprimée ; or, c'est là un vice radical qu'une critique consciencieuse et une étude intelligente devaient logiquement se proposer de faire disparaître.

On comprend aisément, en effet, que les parois des chaudières auxquelles adhèrent les organes du mouvement, ont à supporter des poids considérables qui les fatiguent et les écrasent; elles reçoivent le contre-coup du moindre choc et de toutes les trépidations occasionnées par le mouvement; la différence de dilatation qui se produit entre elles et les pièces adhérentes, ne tarde pas à provoquer des fuites ; la prompte dislocation des joints et des rivets fait que les pièces perdent leur point fixe, d'où résulte rapidement une dislocation générale ; la chaudière se déforme et se perd, tous les organes du mouvement subissent une usure rapide; en outre, l'échauffement de toutes les parties devient tel que l'huile se desséchant dans les godets ne lubrifie plus les surfaces frottantes, la machine entière se fatigue, s'alourdit et se détériore.

L'invention du *socle bâti isolateur*, c'est-à-dire isolant la chaudière des organes du mouvement, a triomphé des graves inconvénients que nous venons d'énumérer Le *Jury de l'Exposition de Londres* constata ce progrès comme le plus important qui ait été réalisé. En 1861, le *Jury de l'Exposition de Nantes* décerna la médaille d'or à M. Hermann-Lachapelle, et déclara dans son rapport que, « grâce à l'invention du socle bâti isolateur, *il n'y avait plus désormais à craindre les vices* existant DANS TOUS LES SYSTÈMES de locomobiles connus. »

Les machines verticales à vapeur, portatives et locomobiles construites par la Maison Hermann-Lachapelle, réalisent et remplissent toutes les conditions indiquées par le Jury de l'Exposition de 1862 :

1° ISOLEMENT DE LA CHAUDIÈRE ; 2° CYLINDRE A ENVELOPPE ET A CIRCULATION DE VAPEUR ; 3° DÉTENTE VARIABLE ; 4° ECHAUFFEMENT DE L'EAU D'ALIMENTATION PAR LA VAPEUR D'ÉCHAPPEMENT.

Nous devons ajouter que le foyer est disposé de façon à recevoir toutes espèces de combustibles et à en économiser la consommation, à brûler les gaz produits par la combustion et à utiliser tout le calorique. Ces perfectionnements ont, dans la mécanique une importance réelle qu'apprécieront tous les hommes compétents ; ils résument tous les avantages désirables et tous les progrès reconnus possibles, dans l'état actuel de la science de la mécanique, et de l'industrie de la construction des machines à vapeur dans tous les pays.

Il est essentiel que nous soumettions à MM. les Membres du Jury la description sommaire de la *machine à vapeur verticale, montée sur socle bâti isolateur* ; il est essentiel aussi que nous appelions leur attention sur le détail des principaux perfectionnements réalisés dans chacun des organes, perfectionnements qui constituent la supériorité de sa construction.

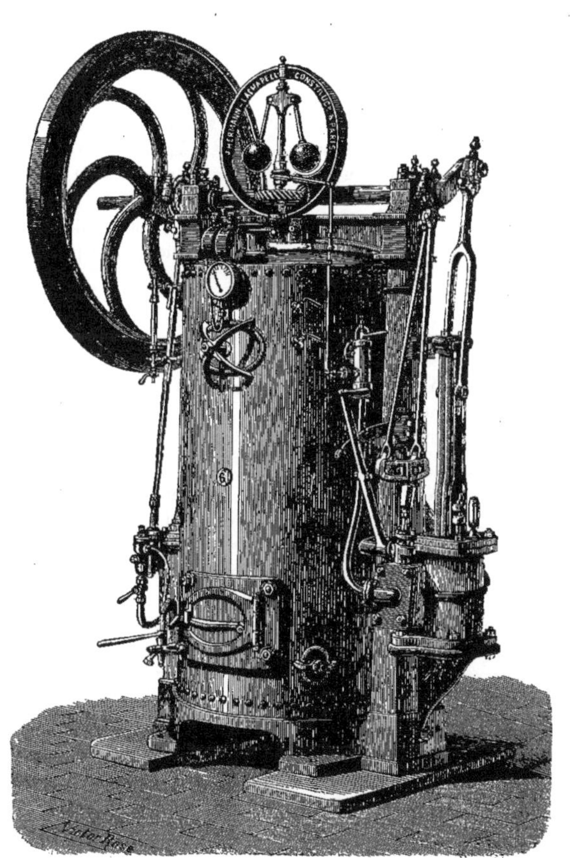

Machine verticale à changement de marche.

4

Ces organes sont :

Le socle bâti isolateur, — la chaudière, — les bouilleurs croisés, — l'arbre moteur, — le tiroir, — le régulateur à force centrifuge, — la détente variable, — le cylindre, — le piston, — la pompe d'alimentation en bronze, — le bac réchauffeur, —les articulations et serrages.

L'ensemble de ces organes est élégant, très solide ; leur agencement sur le socle bâti isolateur permet d'harmoniser et d'équilibrer les différentes pièces entre elles, de donner au piston une grande course et aux bielles une grande longueur. Tout a été calculé pour la facilité de l'installation, qui n'exige qu'un emplacement restreint, sans aucun frais, ainsi que pour la simplicité de la manœuvre qui peut être faite par le premier venu en toute sécurité.

Socle bâti-isolateur

LE SOCLE BATI ISOLATEUR porte toute la machine, lui donne une grande stabilité, de l'élégance, et *isole complétement* la *chaudière*, assise sur son socle, de tous les organes du mouvement, groupés en parfait équilibre sur ses colonnes et son entablement.

Le socle bâti isolateur se compose :

D'*un socle* portant la chaudière et la grille du foyer;

De *deux colonnes ;* — celle de droite porte le cylindre et la boîte de distribution, — celle de gauche la pompe d'alimentation ;

D'*une traverse* ou *entablement*, qui réunit les deux colonnes à la partie supérieure et porte, fixé à son milieu sur le devant, le cercle dans lequel se meut le régulateur.

Ces *quatre* pièces s'emboîtent les unes dans les autres et se fixent ensemble par des boulons.

Ce système a pour effet : de supprimer les inconvénients qui résultent de la différence de dilatation des parois des chaudières et des pièces qui y sont adhérentes; de rendre impossibles les fuites, la dislocation des rivets et boulons que détermine la trépidation; d'obvier à l'excès de la chaleur, qui, desséchant l'huile dans les godets, empêche la lubrification, et dilate ou resserre outre mesure les parties frottantes, ce qui occasionne une grande perte de force et fatigue la machine entière. Nous avons plus haut déjà signalé ces avantages, que nous faisons ressortir ici en les précisant par des indications de détail.

Chaudière.

LA CHAUDIÈRE VERTICALE *à bouilleurs croisés* et *à foyer intérieur* est enca-

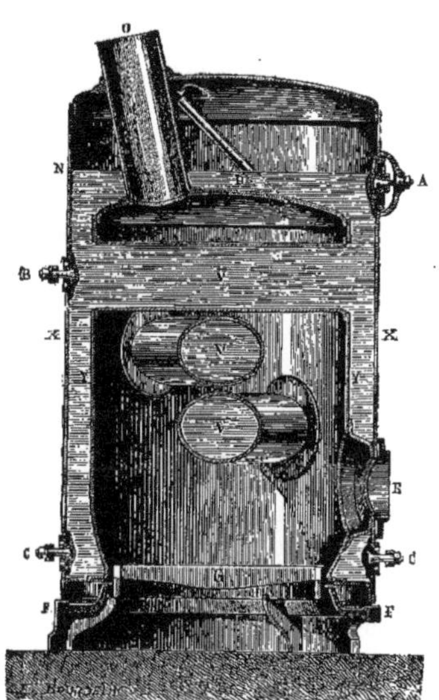

Chaudière à vapeur verticale (*coupe verticale*)

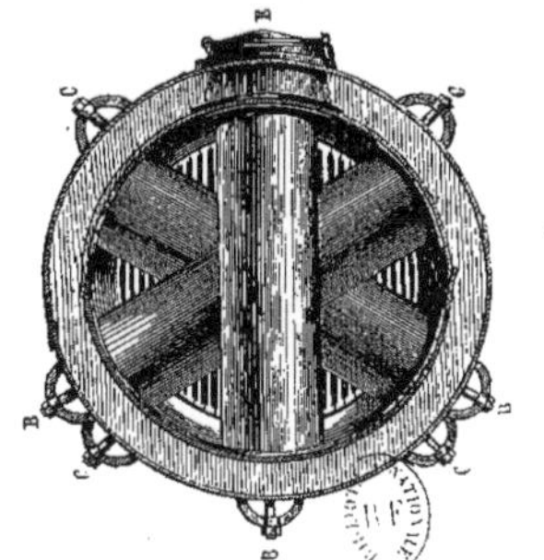

Chaudière à vapeur verticale (*coupe horizontale*).

drée dans le bâti général ; elle se trouve entièrement isolée de tous les organes du mouvement et de la pompe d'alimentation. Elle n'a de communication avec la machine que par les robinets d'alimentation et de prise de vapeur ; la machine a son bâti, son support et ses points d'appui en dehors d'elle ; seuls les organes de sûreté sont attachés à ses parois. La chaudière peut être enlevée, réparée, changée sans que la machine soit elle-même ni démontée, ni dérangée ; celle-ci également peut fonctionner indépendamment de la chaudière, recevoir la vapeur d'un générateur quelconque, et chacune des pièces de son mécanisme peuvent être visitées, démontées, réparées ou remplacées facilement, sans exiger le moindre changement dans les autres.

On voit que M. Hermann-Lachapelle ne s'écarte jamais du même principe : perfection aussi complète que possible du mécansime , simplicité de ce mécanisme, facilité de sa manœuvre, solidité et sûreté de l'agencement dans son ensemble et dans ses parties, économie dans l'emploi, certitude du bon service à obtenir et facilité de la conduite accessible à l'ouvrier le moins spécial, mais attentif à suivre exactement les instructions qui lui sont données.

Le système, adopté pour les machines verticales du foyer intérieur et des bouilleurs horizontaux croisés, a pour effet de réaliser une économie considérable de combustible ; d'enfermer le feu dans un foyer dont toutes les parois sont entièrement baignées par l'eau de la chaudière ; de briser la flamme, de brûler les gaz produits par la combustion avant qu'ils n'arrivent à la cheminée ; d'utiliser tout le calorique et d'obtenir une puissance vaporisante très grande (1).

Le seul endroit qui, dans les chaudières verticales à foyer intérieur, pouvait être exposé aux coups de feu (le fond où se forment le plus ordinairement les dépôts et qui touche à la couche de combustible en

---

(1) La maison Hermann-Lachapelle expose une machine de quatre chevaux avec chaudière, système Field. Cette chaudière, ayant été jugée favorablement par quelques constructeurs, peut remplacer celle à bouilleurs croisés, lorsque le client le préfère.

ignition), a été mis soigneusement à l'abri des brûlures par l'installation spéciale de la grille et la disposition particulière de cette partie de la chaudière. Celle-ci contient à cet endroit une couche d'eau d'une épaisseur considérable.

La hauteur du niveau normal de l'eau au-dessus du foyer est élevée; l'espace donné comme chambre de vapeur est aussi très vaste, et la vapeur est prise près de la cheminée, à l'endroit où elle est la plus sèche et pour ainsi dire surchauffée.

Le bras et la brosse atteignent librement tous les points de l'intérieur de la chaudière, ce qui en permet facilement le nettoyage de la façon la plus complète. La disposition du foyer intérieur est telle que l'on peut brûler indifféremment le bois, la tourbe, le coke et la houille, et dix à quinze minutes suffisent pour le chauffage et la mise en train de la machine.

L'Arbre moteur, forgé d'une seule pièce avec la manivelle et l'excentrique, fonctionne au-dessus de l'entablement dans des paliers solidement établis, dont la largeur est deux fois et demie celle du tourillon et qui surmontent les colonnes. *Arbre moteur.*

A l'extrémité droite de l'arbre moteur, entre la manivelle et le palier, un excentrique reçoit le collier en bronze d'une bielle inclinée à articulation à rotule qui donne le mouvement au tiroir. Cette disposition spéciale, complétée par la position de la boîte de vapeur inclinée sur le cylindre, constitue un perfectionnement notable réalisé par M. Hermann-Lachapelle et qui lui appartient en propre.

Le tiroir est à détente fixe pour la machine de un et deux chevaux; à détente variable, du genre Farcot, pour celle à partir de trois chevaux. *Tiroir.*

Cette détente est manœuvrée à la main pour les machines de trois et quatre chevaux, et par le régulateur pour celles au-dessus.

Tous les autres constructeurs de machines se bornent à fixer la bielle du tiroir au bouton d'une manivelle en dehors de la manivelle motrice; d'où résulte un mouvement saccadé du tiroir, et, par suite, une irrégularité constante dans la distribution de la vapeur, ce qui augmente la consommation du combustible, amène une perte de temps et produit une marche irrégulière de la machine, imperfections qu'il suffit de signaler pour en faire comprendre les conséquences désastreuses.

Régulateur. Les machines à vapeur verticales, à TRÈS PETITE VITESSE, sont pourvues : d'un *régulateur à force centrifuge* d'une extrême sensibilité. L'arbre vertical, qui sert d'axe moteur aux boules métalliques, fonctionne sur deux pivots, à l'abri de tout dérangement dans un cercle ou bâti.

Cylindre. LE CYLINDRE, porté sur la colonne de droite, est à *enveloppe et à circulation de vapeur* ; la GLISSIÈRE CYLINDRIQUE est fondue d'un seul jet avec le couvercle et alésée en même temps que la boîte à étoupes, ce qui a pour effet de maintenir rigoureusement la tige du piston sur l'axe du cylindre dans lequel il se meut.

Piston. Le PISTON est composé de segments ou larges anneaux brisés concentriques, agissant par leur ressort naturel contre les parois du cylindre. Cette disposition, très simple et très solide, est la plus sûre pour éviter les fuites, les perturbations et les dérangements qu'occasionne la rupture ou l'usure des ressorts trop nombreux ou trop faibles habituellement employés, et dont le remplacement, fréquemment rendu nécessaire, est pour l'industriel une cause d'arrêts répétés, et conséquemment une source regrettable de pertes sensibles.

Pompe d'alimentation entièrement en bronze. A l'extrémité gauche de l'arbre moteur, un excentrique reçoit le collier en bronze de la bielle de la pompe d'alimentation. Celle-ci est entièrement en bronze, très simple et fonctionne avec une grande régularité, qualité essentielle ; la visite des chambres et des clapets, et leur entretien, en sont des plus faciles.

Bac réchauffeur. Le BAC RÉCHAUFFEUR, qui sert de réservoir à l'alimentation de la pompe, est adapté sur le bâti en arrière de la machine ; il fournit l'eau chauffée de 70 à 80 degrés par le passage de la *vapeur d'échappement* qui se rend dans la cheminée pour activer le tirage. Il résulte de cette élévation de chauffage une notable économie de combustible. Un régulateur à flotteur entretient l'eau dans le bac réchauffeur à un niveau constant.

Les Articulations sont a rotule sphérique, pour les bielles de la pompe et du tiroir ; les serrages sont à vis et réglés par une clef, ce qui exclut l'usage du marteau, si pernicieux dans une main maladroite.

Le moyen du volant est fendu et pourvu de deux boulons destinés à établir sur l'arbre le serrage le plus rigide, afin d'éviter tout jeu dans le, clavetage. La structure des machines permet de donner une grande course au piston dans le cylindre et aux bielles une grande longueur.

Toutes ces précautions, scrupuleusement et scientifiquement prises, ont pour but l'application des vrais principes mécaniques. Grâce à elles, les chocs brusques et violents qui se produisent dans les machines à mouvements raccourcis, n'ont jamais lieu ; la marche est constamment facile, régulière ; l'usure n'est plus à craindre, les fractures sont rendues impossibles et la force n'est plus absorbée au delà de ce qui est nécessaire au fonctionnement rationnel.

Articulations, Serrages, Paliers

En 1867, à l'Exposition universelle de Paris, les *machines verticales montées sur socle bâti isolateur* ont fonctionné en cinq endroits, et le Jury a constaté qu'elles étaient supérieures à tout ce qui existe sous le rapport de la perfection réalisable dans les machines portatives de petite force.

A la suite de ces concours, la maison Hermann-Lachapelle reçut la médaille d'argent, c'est-à-dire la plus haute récompense accordée aux moteurs de petite force. Les machines de cette maison ont obtenu les médailles d'or dans toutes les Expositions internationales et dans tous les concours où elles ont paru, après examen comparatif avec toutes autres machines mises en concurrence, quelle que fût leur origine.

La série des modèles comprend dix numéros, depuis la force de un jusqu'à celle de vingt chevaux. Leur prix, avec tous les accessoires que la Maison ne fait point payer à part, comme cela se pratique ordinairement, s'échelonne de 1,800 francs à 12,000 francs. Le prix de 1,800 francs, auquel M. Hermann-Lachapelle livre le n° 1, est à peine rémunérateur.

Cette petite machine, de la force d'un cheval-vapeur, aussi facile à installer et à entretenir qu'un poêle ordinaire, rend de si grands services à la petite industrie, la fait entrer si rapidement dans la voie prospère, que la maison n'a pas cru devoir, á l'exemple de la plupart de ses confrères, renoncer à cette construction ; tout au contraire, elle s'est fait comme un point d'honneur de la continuer, dans l'intérêt général de l'industrie à laquelle est attachée son nom.

Série et prix des modèles.

Dans les machines de dix, douze, quinze et vingt chevaux, le *socle bati isolateur* et la chaudière ont des dispositions spéciales : celle-ci est pourvue de six bouilleurs. Dans ces numéros élevés, les machines dépeusent très peu en combustible. Dans la marche ordinaire, elles consomment 3 kilogrammes de charbon environ, et vaporisent 20 litres d'eau par heure et par cheval-vapeur.

Les inventaires constatent que 1,600 de ces machines ont été livrées et fonctionnent en France et à l'étranger, dans toutes sortes d'établissements industriels de spécialités différentes.

Le GUIDE POUR LES MACHINES A VAPEUR VERTICALES, *à chaudière non tubulaire et à foyer intérieur*, MONTÉES SUR SOCLE BATI ISOLATEUR, joint à cette notice, donne avec les figures et les plans d'installation :

La description détaillée et technique des machines, — des chaudières avec la légende de toutes les pièces qui constituent leur construction ; — le tableau synoptique des dimensions de ces chaudières et celui de leurs prix ;—le tableau synoptique des mesures pour l'installation des machines à vapeur verticales, suivant la force de ces machines en chevaux-vapeur;— les instructions pratiques concernant les installations à demeure,— la mise en train, la conduite de la machine en mouvement ; — son entretien, etc.

Le GUIDE contient, en outre, les LOIS RÉGLEMENTAIRES SUR LES MACHINES A VAPEUR en France.

MM. les Membres du Jury sont donc assurés de trouver dans cet écrit spécial, le complément de tous les renseignements qui ne sauraient avoir ici leur place.

IV

APPLICATION AUX MACHINES HORIZONTALES LOCOMOBILES

DE TOUS LES PERFECTIONNEMENTS DES MACHINES VERTICALES

Les avantages des machines verticales sont suffisamment démontrés par les indications techniques et par les renseignements qui précèdent. Cependant, dans certaines industries, l'emploi des machines horizontales locomobiles est préféré, en raison de la facilité plus grande que l'on a de les mouvoir et de les transporter d'un point à un autre.

Pour répondre à ce besoin dont il fallait en effet tenir compte, M. Hermann-Lachapelle a créé une *série de machines horizontales* correspondante à la série des machines verticales, se proposant pour objet unique de leur approprier tous les perfectionnements qui ont fait la réputation de ces dernières et en ont établi le succès.

Ce constructeur expose dans le Palais de l'Exposition internationale de Vienne :

UNE MACHINE HORIZONTALE LOCOMOBILE SUR ROUES, de quatre chevaux, avec *chaudière tubulaire et détente variable à la main.*

UNE MACHINE HORIZONTALE FIXE de deux chevaux.

Toutes les dispositions que nous avons signalées dans les machines verticales se retrouvent dans les machines horizontales pour les principales pièces mécaniques.

5

Le *cylindre* est à *enveloppe et circulation de vapeur*. La *glissière* est *fondue avec son couvercle et alésée avec la boîte à étoupes*. Le *piston* a un seul anneau formé par deux cercles concentriques agissant par leur ressort naturel. Les *tiroirs de distribution* sont à *détente variable*. Les *bielles* ont une grande longueur. Les *articulations* sont à *rotules*. Tous les *serrages* se règlent à la *clef*. La *pompe* est entièrement en *bronze* et alimentée par un bac réchauffeur.

Ces machines à vapeur horizontales *sont toutes pourvues d'un régulateur*.

Socle bâti-isolateur appliqué aux machines horizontales.

L'emploi du socle bâti-isolateur assure, dans les machines horizontales, l'indépendance de la chaudière et celle du mécanisme, au moyen d'un système d'attaches spéciales inventé par M. Hermann-Lachapelle. Ce socle bâti, d'une seule pièce de fonte, se pose *comme un bât* sur toute l'étendue de la chaudière ; il y est maintenu par des cercles en fer plat, serrés sur les flancs de la chaudière au moyen de vis de rappel.

. Ce bâti, d'une forme rationnelle et bien étudié, offre à l'arbre moteur, dont ils porte les paliers, le point d'appui le plus solide. Des supports appropriés, faisant aussi corps avec le socle bâti, reçoivent les autres piéces du mécanisme.

Machine à vapeur horizontale sur roues.

La machine ne dépend ainsi de la chaudière, comme dans les machines verticales, que par la prise de vapeur.

Toutes deux sont si parfaitement indépendantes et isolées que la machine et son bâti, peuvent être enlevés instantanément, lors même que la chaudière serait sous pression, être posés sur le premier socle venu et fonctionner comme machine fixe.

Chaudière à très grand diamètre et à foyer circulaire.

Les chaudières sont recouvertes en bois et en tôle ; le corps extérieur a un *très grand diamètre*, ce qui permet d'étendre le réservoir de vapeur et, par conséquent, la surface du liquide sur toute sa longueur. Cette disposition facilite considérablement l'ébullition et le dégagement des bulles. Le *foyer circulaire* offre une grande surface de chauffe et permet de brûler toutes sortes de combustible. En raison du grand diamètre des tubes, la flamme peut les parcourir sans s'étouffer avant d'arriver à la cheminée et brûler tous les gaz produits par la combustion.

Facilité complète du nettoyage.

Les larges proportions du corps de la chaudière permettent de s'introduire dans son intérieur, le nettoyage s'opère donc facilement et d'une manière complète. La grosseur et la disposition des tubes posés en lignes verticales, à une grande distance les uns des autres, et les autoclaves placés au bas du foyer, facilitent également cette opération, et l'on évite ainsi les graves inconvénients que présentent les chaudières tubulaires ordinaires.

Trains de roues à articulations et à rotules.

Les machines à vapeur horizontales locomobiles sont montées sur un train de *roues à articulations* et *à rotules*. Grâce à cette disposition, la chaudière repose toujours sur ses quatre points d'appui, quelle que soit l'inégalité du terrain et la position des roues. En outre, chacune des pièces qui compose ce train peut être facilement montée et démontée. Les essieux et les roues sont entièrement en fer forgé.

Série depuis 3 jusqu'à 20 chevaux-vapeur.

La série de ces machines, qui réunissent, ainsi que nous l'avons dit, tous les perfectionnements qui ont consacré le succès des machines à vapeur verticales montées sur socle bâti - isolateur, comprend neuf numéros, depuis trois jusqu'à vingt chevaux-vapeur.

Leur prix (avec roues) s'échelonne de 3,200 à 12,500 francs.

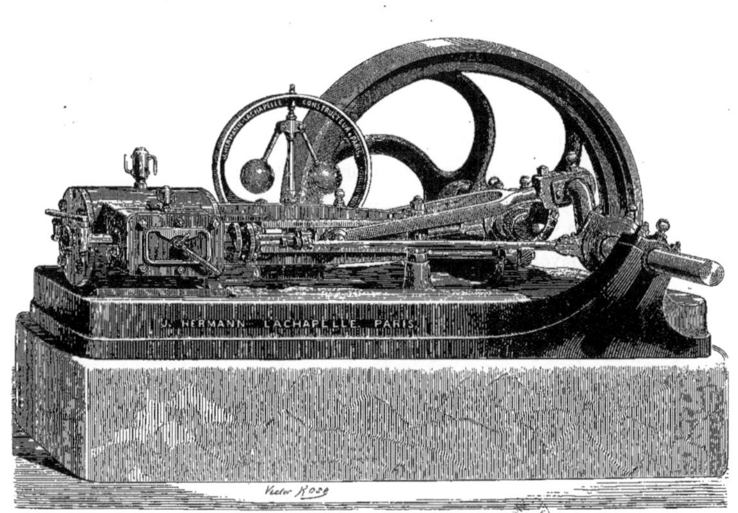

Machine à vapeur horizontale fixe.

En outre des machines demi-fixes et locomobiles verticales et horizontales, M. Hermann Lachapelle expose à Vienne :

Une MACHINE VERTICALE fixe, sur colonne, de deux chevaux ;

Une MACHINE HORIZONTALE fixe, de deux chevaux.

Ces machines possèdent, comme appareils fixes, toutes les qualités des machines demi-fixes et locomobiles.

Tout le mécanisme est fixé, soit sur une puissante et élégante colonne en fonte, soit sur un large bâti horizontal.

Cette disposition a l'immense avantage, en ne formant qu'un seul et même corps :

1° D'établir une solidarité parfaite entre toutes les pièces ;

2° D'apporter et de conserver dans l'ajustage une précision parfaite ;

3° De faciliter le transport, les machines pouvant être expédiées toutes montées, le volant étant seul enlevé pour l'expédition ;

4° De pouvoir fonctionner aussitôt le déballage et la mise en place sur une assise quelconque ;

5° De prendre peu de place et d'être accessible de tous côtés.

Les machines exposées sont de la force de deux chevaux Les numéros supérieurs sont munis d'une *détente variable*, qui permet de travailler dans les conditions les plus économiques et de diminuer ou augmenter la puissance avec une grande facilité.

V

ATELIERS SPÉCIAUX DE CHAUDRONNERIE

Appartenant à la Maison Hermann-Lachapelle.

M. Hermann-Lachapelle a établi, rue d'Aubervilliers, n° 90, des ateliers spéciaux de chaudronnerie dans lesquels, pendant toute l'année, soixante-dix à quatre-vingts ouvriers travaillent exclusivement pour la maison. Cette installation était commandée par la nécessité et la volonté arrêtée, dans l'esprit du chef, que les matériaux nécessaires à la construction de ses machines et de ses appareils, fussent de la meilleure qualité possible et traités avec le soin attentif qui, seul, pouvait assurer la supériorité de la fabrication. On comprend, en effet, que les chaudronniers, même les plus importants, qui travaillent pour une clientèle générale, ne se donnent point le temps de surveiller minutieusement le travail de leurs ouvriers. Ils se contentent de faire une besogne suffisamment bonne, tandis que, dans notre spécialité, il faut qu'elle soit excellente. Les meilleurs numéros des tôles sont fournis aux ateliers de la maison Hermann-Lachapelle, par les usines de Montataire, de Rive-de-Gier et du Creusot ; on ne peut exiger un meilleur certificat d'origine.

Ces matières premières, destinées à une construction et à une application déterminée et souvent répétée, scrupuleusement étudiée en outre dans l'ensemble et dans les détails, dont l'ouvrier intelligent est apte à se rendre compte par la répétition de la main-d'œuvre, sont travaillées avec une attention réfléchie, rendue facile par l'habitude; et les produits qu'elles concourent à fabriquer en acquièrent d'autant plus sûrement le degré de supériorité nécessaire.

VI

APPLICATIONS DE LA VAPEUR

AU MOULIN ET AUX DIFFÉRENTES OPERATIONS DE L'AGRICULTURE

Installations spéciales.

On sait les services rendus par M. Hermann-Lachapelle à l'industrie des boissons gazeuses, pour laquelle ses appareils spéciaux sont d'un usage obligatoire. On sait également l'importance des résultats obtenus par les industries de toutes natures qui ont eu et ont chaque jour recours à ses machines à vapeur verticales, locomobiles et portatives. Désireux de faire jouir l'agriculture et les exploitations diverses qui s'y rattachent des avantages matériels qui sont la conséquence de ses inventions pratiques, ce constructeur a combiné une série d'*installations de la vapeur comme force motrice indispensable au moulin*, soit qu'elle agisse seule ou concurremment avec l'eau.

L'eau et le vent, irréguliers par la nature même de leur élément, ne permettent pas au moulin le plus perfectionné de fournir à l'heure voulue, en abondance et en tout temps, la farine nécessaire à la consommation. L'intermittence dans la production est inadmissible et devient désastreuse avec l'agglomération des populations et les besoins incessamment accrus du commerce moderne. Il y avait donc nécessité absolue de suppléer aux moteurs naturels, capricieux et intermittents, par des forces dociles, d'une puissance suffisante, et qui, à la perfection du mécanisme, joignissent l'économie du travail et la qualité du produit.

Aujourd'hui, les moulins à vapeur alimentent Londres et les grands centres de l'Angleterre; ils sont également nombreux en Amérique. On les trouve en quantité beaucoup moins grande en Allemagne et en France; toutefois, dans ces deux pays, comme partout ailleurs, l'avenir leur appartient; et c'est à rapprocher cet avenir, pour la petite meunerie, que M. Hermann-Lachapelle consacre tous ses efforts, les ressources dont il dispose et l'autorité dont sa Maison jouit à des titres reconnus.

En Angleterre et en Amérique, il y a des minoteries très importantes ; en France, au contraire, ces grandes usines sont rares ; les moulins à deux et à quatre paires de meules sont les plus répandus ; et cela s'explique naturellement par les conditions de notre industrie meunière, placée jusqu'ici près du canton ou du village, mais qui, depuis quelques années, et poussée par les circonstances, tend évidemment à subir une transformation salutaire. Pour l'agriculture, comme pour toutes les industries, les conditions économiques ont changé ; lorsque, de tous côtés, le progrès venait la solliciter, il lui devenait interdit de demeurer stationnaire ; et, une fois entrée dans le mouvement rationnel, il ne lui était plus possible de revenir en arrière.

Cette marche en avant était d'autant plus facile pour la meunerie, qu'il ne s'agissait nullement pour elle d'abandonner complétement la roue hydraulique et l'aile du moulin à vent, mais de tirer le meilleur parti possible de ces agents naturels partout où ils existent, tout en suppléant par la vapeur à leur insuffisance ou à leur irrégularité, qui ont pour cause les variations atmosphériques d'abord, puis la canalisation des rivières, l'irrigation des campagnes, les dérivations pour le service des grands centres, le déboisement des montagnes, le dessèchement des marais, le drainage, etc. La vapeur, qui augmente la production et qui régularise la fabrication, est le seul moyen de fortune certaine qui puisse être victorieusement opposé à la ruine fatalement amenée par un chômage non combattu.

Moulin à farine sur socle beffroi en fonte.

M. Hermann-Lachapelle soumet au Jury de l'Exposition de Vienne :

1° Ses installations spéciales de la vapeur au moulin, agissant seule ou concurremment avec l'eau ;

2° Des moulins sur colonne-beffroi en fonte, portant les meules, le mécanisme, l'archure et la plate-forme, sans sol, foundations, enchevêtrures ni points d'appui extérieurs ; c'est-à-dire construits dans de telles conditions qu'ils constituent un *moulin complet*, qu'ils n'usent pas inutilement une partie de la force qui doit s'appliquer au travail effectif, n'exigent aucuns frais d'installation, et peuvent se loger partout, en n'occupant que peu d'espace. Rien n'attachant ce moulin au sol, le meunier peut sans difficulté le changer de place ou le transporter d'un endroit à un autre.

3° Des moulins de ferme de petite dimension, très recherchés par les exploitations agricoles qui les emploient non-seulement pour le blé, mais pour toutes espèces de céréales et pour concasser toutes sortes de grains. Ces moulins sont solides, fournissent une mouture d'excellente qualité et n'exigent comme force motrice qu'une machine verticale portative ou locomobile de deux à trois chevaux en moyenne.

La série des moulins comprend cinq numéros classés d'après le diamètre des meules qui varie de 90 centimètres à 1 m. 50. Les meules de 1 mètre 20 à 1 m. 40 sont préférables pour la meunerie. Les moulins Hermann-Lachapelle, bien conduits, et le grain étant bien nettoyé, peuvent donner, suivant le genre de mouture, de 100 à 150 kilog. de farine par heure et par cheval-vapeur.

Lorsqu'il s'agit d'installer au moulin la machine à vapeur *cette machine en principe ne saurait jamais être trop simple*. La maison Hermann-Lachapelle construit tous les types des différents systèmes dont l'expérience a démontré la valeur. Elle a eu principalement pour but de rejeter dans sa construction tous les prétendus perfectionnements qui n'occasionnent dans la pratique que des dépenses, des dérangements et des désappointements. Les seules machines qui, sauf des cas exceptionnels, conviennent le mieux à la meunerie, sont les machines à haute pression, verticales, portatives ou demi-fixes, parce que leur conduite et leur entretien sont plus aisés, qu'elles sont à *détente variable*, ce qui permet de faire donner par expansion à la vapeur tout son effet utile.

Ces machines sont moins coûteuses, moins délicates, plus rustiques que toutes autres; tout leur agencement intérieur est calculé de manière à tirer la quintessence de l'économie en fait de combustible de toute nature.

(Voir dans le *Guide*, page 6, le dessin de la coupe intérieure.)

Nous joignons à cette Notice une petite brochure technique détaillant les *Installations spéciales de la vapeur au moulin,* donnant la description des *Moulins montés avec leur mécanisme sur Socle-Beffroi en fonte,* et celle des *Machines verticales, montées sur socle-bâti isolateur,* qui se recommandent à la meunerie d'une manière toute particulière.

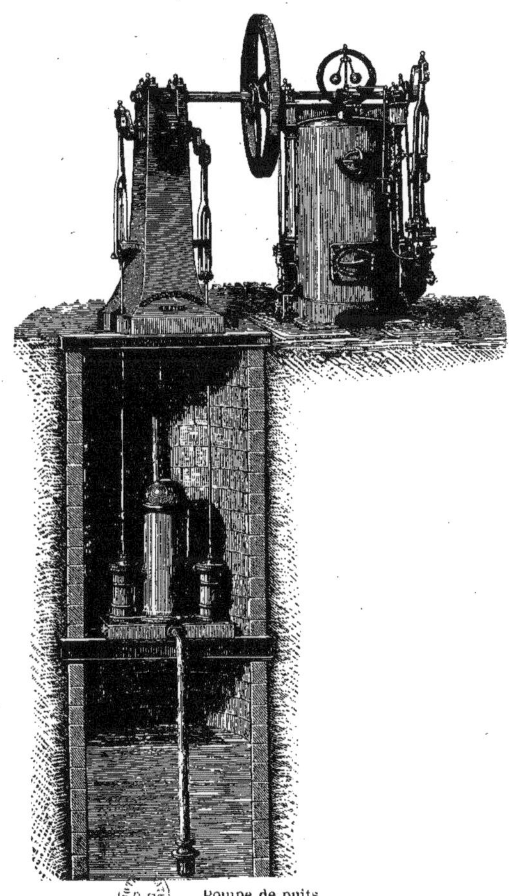

Pompe de puits.

Comme application spéciale des machines à vapeur verticales demi-fixes, faite par M. Hermann-Lachapelle, on doit citer les jeux hydrauliques, soit pour épuisements, soit pour irrigations.

Les pompes avec leur mécanisme, ou leur mécanisme seul lorsqu'elles doivent travailler à une certaine profondeur, sont portées par un solide bâti vertical qui s'élève parallèlement au moteur. L'arbre de ce moteur se prolonge jusqu'au bâti des pompes, en sorte que la commande est directe.

La *pompe à pistons plongeurs* exposée par M. Hermann-Lachapelle fournit 65,000 litres à l'heure. Elle fait bien ressortir les avantages de la disposition adoptée par ce constructeur :

Simplicité et facilité de pose et d'entretien ;

Solidité à toute épreuve ;

Rendement supérieur à celui de tous autres systèmes ;

Economie d'acquisition et d'installation.

Machine à vapeur verticale accouplée avec pompes à pistons plongeurs.

VII

DIRECTION COMMERCIALE ET ADMINISTRATIVE

DE LA MAISON

HERMANN-LACHAPELLE

Nous croirions n'avoir rempli que la moitié de notre devoir vis-à-vis de MM. les membres composant le Jury international de l'Exposition de Vienne, si, après avoir soumis à leur appréciation les avantages que présentent nos produits exposés, nous ne leur faisions pas également connaître les causes qui ont concouru au succès si rapide, pour ne pas dire sans précédents, de la maison Hermann-Lachapelle.

C'est, en quelque sorte, une confession commerciale et administrative qui terminera cette Note-Mémoire. Cette confession est faite d'autant plus volontiers, qu'elle peut servir d'enseignement à un certain nombre d'industriels et leur tracer une ligne de conduite au bout de laquelle ils ont la perspective d'arriver à une prospérité bien assise, ainsi qu'y est parvenu le constructeur qui nous occupe.

Avant tout, la maison Hermann-Lachapelle obéit à des principes industriels et commerciaux dont elle ne s'écarte jamais.

Dans ses ateliers, le travail est régulier, exact, ordonné, soutenu. Le plus grand soin est apporté dans la construction de toutes les machines et de tous les appareils qui sont livrés au public, garantis contre tout vice de construction, examinés, contrôlés et essayés avec le plus grand soin avant livraison.

L'outillage le plus complet, dès longtemps amassé, sans cesse révisé et entretenu, permet d'obtenir les produits les plus parfaits, fabriqués avec les matières premières de premier choix. Les précautions ont été si bien prises à l'avance par M. Hermann-Lachapelle, que les augmentations de tarifs ne sauraient déranger ni troubler d'une façon trop sérieuse l'économie générale de ses opérations, assurées par des traités à longue échéance.

La clientèle profite directement elle-même de cette situation exceptionnelle, car le prix des machines et des appareils Hermann-Lachapelle n'a subi aucune hausse depuis l'augmentation des tarifs, et reste au-dessous de celui que tous les concurrents sont obligés de demander, au risque de s'aventurer dans une voie d'opérations dangereuses. Evidemment, cette position supérieure sous tous les rapports a demandé l'emploi d'importants capitaux, dépensés avec prévoyance. Mais ces sacrifices étaient nécessaires, et ils ont été faits.

M. Hermann-Lachapelle ne s'est pas contenté des errements indiqués plus haut ; s'inspirant de l'exemple si peu suivi que nous donnent les Anglais et les Américains, il a fait une large part à la publicité dans ses frais généraux, et il n'hésite nullement à avouer que seul, ou à peu près seul parmi ses collègues, il entretient le monde entier des produits de sa Maison. Il ne cesse de vulgariser par la voie des expositions, des annonces, des prospectus, des brochures spéciales, des guides explicatifs, des affiches murales, des appositions de tableaux :

Ses appareils pour fabrication de boissons gazeuses ;
Ses machines verticales à vapeur montées sur socle bâti-isolateur ;
Ses moulins mus par la vapeur ;
Ses siphons, etc., etc.

Tous les produits, en un mot, dont la construction et la fabrication sont constantes dans ses ateliers, et sur les mérites desquels l'opinion publique est unanime.

Ce n'est nullement par amour du bruit, par recherche de la renommée, par crainte de la concurrence, encore moins par fantaisie ou pour le plaisir de dépenser des sommes relativement considérables, que M. Hermann-Lachapelle use de cette publicité étendue ; mais c'est parce qu'il l'a étudiée et qu'il a su se rendre compte des services que pouvait en tirer tout industriel sûr de son fait et se sentant autorisé par la loyauté de ses affirmations à s'adresser franchement au public, sans craindre que les faits avancés ne répondent point aux promesses faites.

Le commerçant, en France et ailleurs, ne réfléchit pas assez qu'en offrant directement ses produits à la clientèle par correspondance, par intermédiaire, à la commission, il reste dans un isolement qui fatalement lui deviendra funeste. Il est peu habile, il est toujours imprudent d'attendre l'acheteur ou le consommateur lorsque l'on peut hardiment, et fort de l'avantage que l'on présente, aller au devant de lui et le solliciter dans un intérêt réciproque.

Dans l'industrie de la construction des machines, la consommation ne se renouvelle pas du jour au lendemain, comme cela se voit dans les produits d'alimentation par exemple ; il importe donc de déployer commercialement une activité de propagande incessante à la condition de justifier, par l'excellence des produits, la recommandation personnelle que l'on se croit autorisé à en faire. Dans ces conditions, la publicité, largement comprise, toujours raisonnée, régulièrement conduite, partout répartie et par tous les moyens dont elle dispose, devient un levier puissant et sûr qui profite non-seulement à l'industriel, mais à l'industrie spéciale à laquelle il consacre son temps, son argent et dont il attend sa légitime réputation.

Et non-seulement l'annonce a pour effet de tenir en éveil l'attention de l'acheteur, mais elle le met à l'abri des exigences des intermédiaires avides, dont les services calculés pèsent toujours, en fin de compte, tout à la fois sur le producteur et sur l'acheteur. La publicité, au surplus, ne met jamais en valeur ou en vogue réelle que les produits qui le méritent ; elle est plus nuisible qu'utile lorsqu'on l'emploie pour faire des promesses qui ne doivent pas se réaliser ; elle conduit justement à la ruine les maisons assez imprudentes pour jouer le jeu coupable de tromperie sur la qualité de la marchandise vendue.

M. Hermann-Lachapelle, dans cette question d'exploitation commerciale, procède comme dans toute autre, avec réflexion et certitude. Le but qu'il se propose, le résultat qu'il a cherché, est d'obliger, en quelque sorte, l'acheteur à s'éclairer par lui-même, à se rendre compte de l'appareil ou de la machine qu'il marchande par comparaison avec les systèmes qui lui sont proposés par ailleurs, et de déterminer son choix après avoir établi sa conviction quant à la supériorité de la construction et à la qualité des matières employées. M. Hermann-Lachapelle n'a qu'à s'applaudir jusqu'ici et, à tous les points de vue, de s'être publiquement adressé au grand consommateur, au seul appréciateur impartial qui n'est autre que le public lui-même, et ce qui prouve qu'il a été et qu'il est toujours dans le vrai, c'est le témoignage qu'il a remporté de toutes les Expositions au concours desquelles il a pris part, c'est le nombre constamment augmenté des récompenses qui lui ont été décernées.

Terminons par une dernière considération.

La publicité consciencieuse, ne mettant dans la circulation que des déclarations sincères, incontestables, confirmées par les résultats, n'est point seulement profitable au commerçant et à l'industriel en position d'en supporter la dépense et de la maintenir à son budget normal; elle porte ses fruits pour tous les représentants d'une même industrie, elle donne l'élan à la spécialité ainsi mise en lumière, elle devient une excitation permanente au progrès, elle guide, elle éclaire, elle stimule la concurrence, qui devient, par la solidarité, pour ainsi dire confraternelle.

La publicité industriellement comprise permet seule à une maison de réaliser, dans une spécialité, tous les perfectionnements et tous les progrès dont cette spécialité est susceptible. Les usines, qui travaillent pour cette maison, profitent également des bénéfices de cette propagande raisonnée. Et c'est, nous le croyons, servir honorablement son pays que de créer ainsi des établissements de premier ordre, qui sachent tenir haut et ferme le drapeau de l'industrie nationale.

Envisagée à tous ces points de vue, en se plaçant sur ce terrain, qui est celui où M. Hermann-Lachapelle s'est placé lui-même, il n'est pas de juges compétents qui n'apprécient, comme elle a le droit d'être appréciée, sous le rapport commercial, industriel et international, la voie sage et progressive que ce constructeur a tracée le premier, dans laquelle il marche d'un pas ferme, éclairant sans cesse la route que d'autres, après lui, pourront suivre avec certitude.

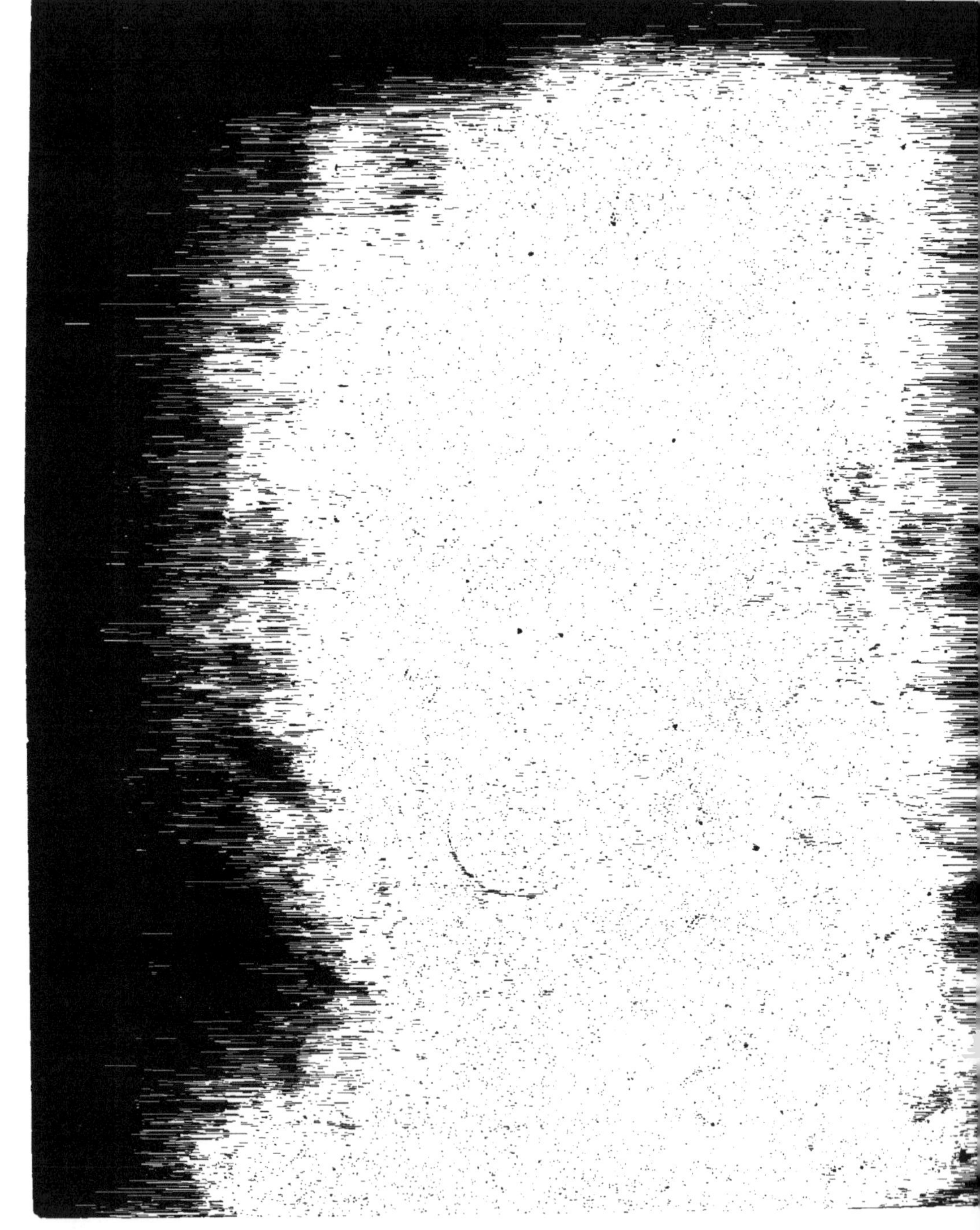

www.ingramcontent.com/pod-product-compliance
Ingram Content Group UK Ltd.
Pitfield, Milton Keynes, MK11 3LW, UK
UKHW020950120726
13693UKWH00004B/1652